百年記憶兒童繪本

李東華｜主編

# 紅船，紅船

王肖雅｜文　　林聰文｜繪

中華教育

我是在嘉興南湖的紅船邊長大的。奶奶是老共產黨員，在我小的時候，她就對我説，紅船見證了一段蕩氣迴腸的歷史。無數人從千里之外趕來，只為了看一看紅船的模樣。

我常常去看紅船。去的路上，總能遇到一個人。我知道，他是紅船的守船人。

我們一起在老渡口等船去湖心島，紅船就停在湖心島的岸邊。
有時，他會給那隻等在老渡口的流浪貓餵一點兒吃的。

我喜歡站在渡船的船頭，從這裏遠遠望去，能看到清晨的陽光穿透水霧，紅船安穩地泊在水面。

守船人和我一樣，也喜歡站在船頭。
風從紅船的方向吹來，吹過我們，再吹向
遠方。

渡船一靠岸，他就直奔紅船。從船頭走到船尾，從艙頂看到艙內，
連拖梢船也仔細查看。確認一切完好，他才鬆一口氣。

守船人的每一天，都是忙碌的。

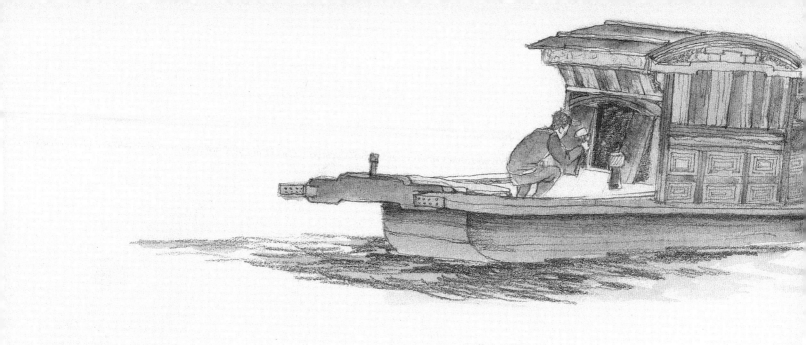

　　來到湖心島上的大人和孩子，
大都圍着講解員姐姐，聽她用清亮
的聲音講着紅船的故事，很少有人
注意到總是埋頭幹活的守船人。

11

這天，一羣孩子來到了湖心島，他們在岸邊四處看，還嘰嘰喳喳說個不停。

「這船看上去舊舊的。」

「還很小呢。」

「瞧，船尾還有一條小船呢！那是幹嗎的呀？」

有個孩子說：「要不，我們去船上看看吧？」

我正想阻止他們，守船人來了。

「孩子們，你們面前的這艘船叫紅船。它是中國人夢想起航的地方，是中國革命的源頭，說它是改變了中國的小船也不為過。」守船人一邊說一邊輕輕走下船來。

　　孩子們圍住守船人，你一言我一語，好奇地問着。

　　「為甚麼叫它紅船啊？」

　　「這麼一艘小船，是怎麼改變中國的？」

　　守船人安靜地聽他們說完，才笑着說道：「我先給你們講一講紅船的故事吧。」

「現在是和平又幸福的年代，可是很多年以前，中國風雨飄搖，人民生活在黑暗中。有一羣人站了出來，他們在上海石庫門祕密召開會議，共同商討如何改變中國。

「這天，會議正在進行，突然，有人闖了進來，他打量着會場，説了一句『我找錯地方了』，就急匆匆地走了。開會的代表們馬上意識到，危險要來了，他們趕快離開會場。果然，十幾分鐘後，巡捕就包圍了這裏。

「之後，代表們從上海轉移到嘉興，他們坐渡船來到湖心島，觀望了很久，確認安全之後才登上遊船，繼續被中斷的會議。這艘遊船就是我們面前的紅船。」

「那天的南湖下着小雨，船艙外有人在放哨，船艙內代表們在討論。傍晚，代表們終於討論完畢，會議結束，中國共產黨就在這艘紅船上誕生了！」

「代表們非常激動，有人說：『再喊一遍我們的口號吧。』」這時，守船人握緊拳頭，學着代表們的樣子，壓低了聲音喊道：「共產黨萬歲！」

我們學着他的樣子，也都握緊拳頭。守船人欣慰地笑了。

「從那之後，共產黨帶領着中國人民擺脫困苦，一步步走向光明。」

我們都沉浸在紅船的故事裏，一時間忘記了説話。

那個孩子望向紅船，感歎道：「原來它是這麼重要的船啊！」

他又轉過頭問守船人：「您是誰啊？怎麼這麼熟悉紅船的故事？」

「我是紅船的守船人。」守船人回答道，「紅船有很多很多守船人，我們守護的可不僅僅是一條船，還是一顆心、一個夢、一個偉大國家的精神。」

正説話間，守船人已經清掃起船艙來。他手腳麻利，卻又小心翼翼。

看着他忙碌的身影，我想起了我的奶奶。

奶奶説：「這哪裏只是一條船呢？這條船呀，開闢了一條新路，咱們中國共產黨沿着這條路，開啟了一個前所未有的偉大時代；這條船呀，指明了一個光輝的理想，多少年來，無數共產黨人為了實現這個理想披荊斬棘、百折不撓；這條船呀，還將一路向前，載着你們這些孩子，讓我們的國家變得更加強大。」

每每説起紅船，奶奶的眼睛就會變得亮晶晶的，像個興奮的孩子那樣，勁頭十足地説個沒完。

「奶奶小的時候去看過，那時，檢查、修補，全部都要守船人自己動手。日頭灼灼，桐油滾燙，守船人就在烈日下給船板刷桐油，每塊船板都要刷上七八遍。」

「奶奶還記得，有一次，整整三天三夜的狂風暴雨讓家裏亂作一團。雨一停，我趕快跑過來看紅船，紅船平穩地泊在水面上！原來，這些守船人三天三夜沒離島。」

　　「奶奶小時候不懂得，為甚麼這些守船人，把紅船看得像自己的孩子那樣重要。過了這麼多年，奶奶明白了，這些守船人守護着紅船，就像中國共產黨守護着這個國家一樣。無數人為了國家、為了理想，日夜奮鬥，無私奉獻。有了他們的努力，有了一代又一代『守船人』的付出，我們的日子才會這麼好，國家才能一天比一天繁榮昌盛。」

　　講到末了，奶奶一定會瞇着眼睛看向我，攥着我的手說：「咱們南湖邊長大的孩子，可不能忘記這條紅船喲。」

船舷響動的聲音拉回了我的思緒。守船人剛剛打掃好船艙，正走下船來，圍着紅船仔仔細細地查看。

他走到哪，我和其他孩子就跟到哪。於是，守船人不得不停了下來。我一不小心，結結實實地跟守船人撞了個滿懷。

我摸着腦門兒，不好意思地笑着說：「那個，我也想像您一樣哩！」

另一個孩子立刻用更熱切的聲音嚷道：「我也是！」

「我小時候，也是這麼對上一任守船人說的呢！」守船人笑了，他伸手摸了摸我們的腦袋，「我相信你們，你們都是黨的好孩子。」

我們一起看向紅船。

紅船安穩地停着，南湖的水波溫柔地拍打着船舷，似乎在回應守船人的話。

◎ 責任編輯　楊紫東
◎ 裝幀設計　鄧佩儀
◎ 排　版　鄧佩儀
◎ 印　務　劉漢舉

百年記憶兒童繪本

# 紅船，紅船

李東華 | 主編　　王肖雅 | 文　　林聰文 | 繪

**出版 | 中華教育**

香港北角英皇道 499 號北角工業大廈 1 樓 B 室

電話：( 852 ) 2137 2338　傳真：( 852 ) 2713 8202

電子郵件：info@chunghwabook.com.hk

網址：http://www.chunghwabook.com.hk

**發行 | 香港聯合書刊物流有限公司**

香港新界荃灣德士古道 220-248 號荃灣工業中心 16 樓

電話：( 852 ) 2150 2100　傳真：( 852 ) 2407 3062

電子郵件：info@suplogistics.com.hk

**印刷 | 迦南印刷有限公司**

香港葵涌大連排道 172-180 號金龍工業中心第三期 14 樓 H 室

**版次 | 2023 年 4 月第 1 版第 1 次印刷**

©2023 中華教育

**規格 |** 12 開（230mm x 230mm）

**ISBN |** 978-988-8809-61-5

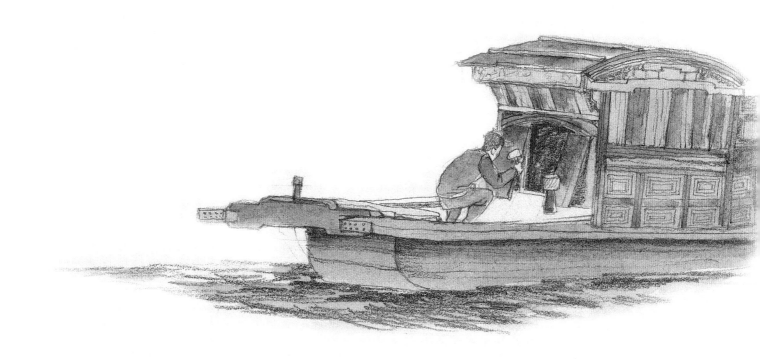